U0022583

我的第一本
宇宙學

沙達德・凱德—薩拉・費隆／文

愛德華・阿爾塔里巴／圖

朱慶琪／譯

三民書局

科學。

我的第一本宇宙學

文　　　字	沙達德‧凱德─薩拉‧費隆 (Sheddad Kaid–Salah Ferrón)
繪　　　圖	愛德華‧阿爾塔里巴 (Eduard Altarriba)
譯　　　者	朱慶琪
責任編輯	朱君偉
美術編輯	黃顯喬

發 行 人	劉振強
出 版 者	三民書局股份有限公司
地　　　址	臺北市復興北路 386 號 (復北門市)
	臺北市重慶南路一段 61 號 (重南門市)
電　　　話	(02)25006600
網　　　址	三民網路書店 https://www.sanmin.com.tw

出版日期	初版一刷 2022 年 1 月
書籍編號	S320051
I S B N	978-957-14-7333-8

Mi primer libro del Cosmos
Copyright © Editorial Juventud 2020
Text © by Sheddad Kaid-Salah Ferrón
Illustrations © by Eduard Altarriba
Traditional Chinese copyright © 2022 by San Min Book Co., Ltd.
This edition published by agreement with Editorial Juventud, 2022
www.editorialjuventud.es
ALL RIGHTS RESERVED

目　次

我們知道的所有東西，不管是星系、黑洞、恆星、行星、彗星、流星、塵埃、動物、植物、人類、原子、粒子、光……等，全部加起來就是**宇宙**。

換句話說，宇宙就是存在的一切，包括時空、質量與能量。

可是……為什麼一定要有東西存在呢？！空空的什麼也沒有，難道不行嗎？

為了要解開這個謎團，讓我們從宇宙的出生到死亡，試圖找出答案。

由於**重力**決定了宇宙的結構，不如就讓我們從重力是什麼開始吧。

歡迎踏上宇宙奇幻之旅！

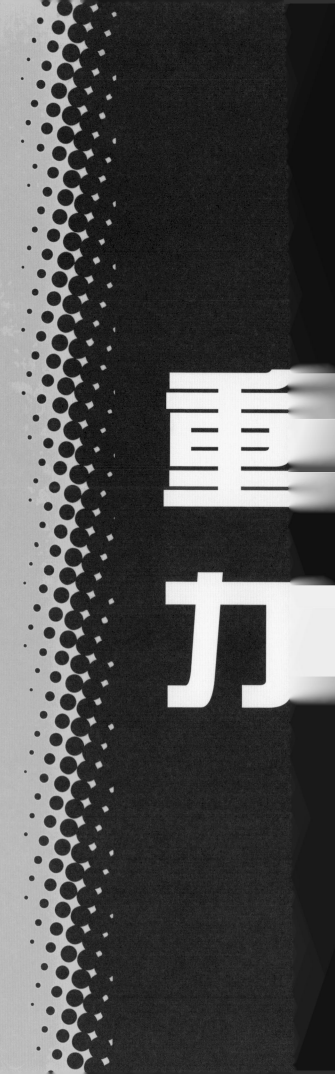

你一定聽過重力，它讓你穩穩地站在地上，不過那也表示你跌倒時會撞到「地上」。

只要有質量，兩個物體之間就會有重力作用。

假如把兩個太空人分開一段距離，放開彼此後，他們就會互相吸引靠近，而且速度越來越快，直到兩個人碰在一起。

重力永遠是吸引力

絕不會有排斥的情形，換句話說，反重力不可能存在。所以別妄想哪天你會有個反重力滑板，讓你靠反重力騰空飛行。

質量越大，重力越強；

兩個重的東西靠很近，彼此之間的拉力會遠大於兩個輕的東西距離很遠。

彼此越靠近，重力也越強。

宇宙四大基本作用力當中，重力是最弱的。

宇宙 **4** 大基本作用力

1. **重力**，重力無所不在，只要有質量就有重力。我們即將介紹的行星、恆星、黑洞以及星系，都是拜重力所賜才得以存在。

2. **電磁力**，跟電與磁現象有關的作用力。

3. **弱作用力**，存在於某些放射性衰變過程中，例如：貝他衰變*。

4. **強作用力**，把原子核中的中子、質子綁在一起的作用力。

*◉ 參考《我的第一本量子物理》

牛頓怎麼看重力

雖然我們都知道東西會往下掉，然而重力無所不在（萬有引力）這個觀念，卻是艾薩克·牛頓 (1643-1727) 提出來的：重力讓我們牢牢地被地球吸住、重力讓月球繞地球轉、重力讓地球繞太陽轉。

萬有引力定律

牛頓的萬有引力定律說：任何兩個具有質量的物體間，都存有互相吸引的作用力，這個作用力超越距離、也不需要作用時間。彷彿有條隱形的線，企圖把兩個物體拉近一樣。

兩物體質量越大、距離越近，萬有引力就越強。

東西為什麼往下掉？

地球的質量很大，任何靠近地球的東西，都會受到它的萬有引力作用，被吸引到地球表面。

也就是說，放開手上拿著的東西時，地球的引力就會把它吸引到地表。**看起來就像是東西往下掉了。**

月亮為什麼繞著地球轉呢？

假設你拿著一條繩子，末端繫著小球，當你旋轉繩子時，小球就會繞著你旋轉，只要不鬆手，小球就會一直轉下去。

這就像地球跟月亮一樣，重力把它們拉在一起，就像繩子把你跟小球拉在一起。

行星繞太陽轉也是一樣的道理。

那麼，為什麼是「蘋果掉到地上」、而不是「地球掉到蘋果上」？

地球的質量非常非常大，跟地球相比，蘋果的質量幾乎微不足道。所以蘋果跟地球互拉時，地球幾乎不動，因此就形成了「蘋果掉到地上」的樣子。

◎ 參考第 29 頁〈月亮為什麼不會掉下來？〉

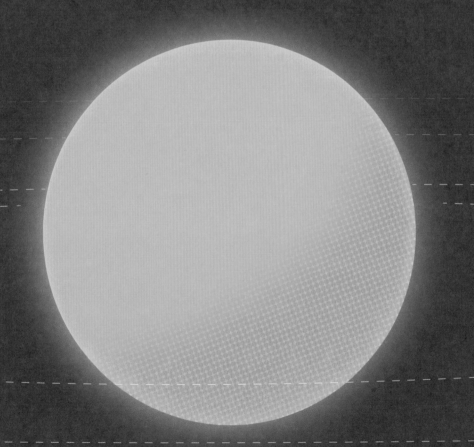

愛因斯坦怎麼看重力

但是愛因斯坦的想法跟牛頓不一樣，
他認為重力是**宇宙的幾何形狀改變**的結果。

愛因斯坦認為，時間與空間不是獨立存在的，
兩者密切相關組成所謂的**時空**，時空會因為物體存在而變形。

質量「彎曲」了時空

把時空想像成彈性布料，當你放上重物後，
布料就會凹陷變形。

如果彈珠滾過一面平整的布料，
彈珠會走直線。

宇宙的
一小部分
（示意圖）

但是如果先在彈性布料
上放上一顆很重的大球，大
球的周圍就會下陷，彈珠滾過
去時，就不是走直線而會轉彎了。

就像前面的例子，我們可以把宇宙想成由彈性的時空布料構成，而質量會讓它變形。

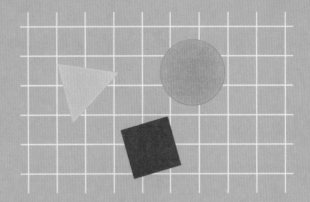

平面國

西元 1884 年，身兼作家與數學家的愛德溫·亞伯特的小說《平面國》中，描寫了居住在平面的直線、三角形、圓形跟正方形等居民的日常生活。

書中的主角正方形謙謙，喜歡想像著住在其他維度的世界會是什麼樣子：住在「點世界」的人應該沒有維度可言；住在「線世界」的人只能感覺到一條直線。有一天，來自三維世界的球想要幫助謙謙理解三維世界的樣子，卻在平面國裡引起了一陣騷動，畢竟平面國裡的其他居民們只能感受到平面，無法想像上下的維度，他們看見的球只是嵌進平面的一個圓。

愛因斯坦的廣義相對論主張：質量導致時空變形，造成了**重力**現象。

所以我們說：
重力是宇宙的幾何形狀改變的結
果。質量使時空變形，經過的物體
就會走彎曲的路徑，看起來就像
被吸引了一樣。

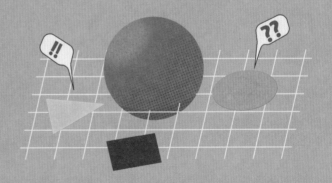

為了方便起見，這裡我們用二維或三維的彈性布料來比喻時空，不過時空其實是四維的：由一維的時間加上三維的空間所組成。

不過我們可以仿效謙謙，在我們生活的三維空間（上下、前後、左右）上，再加上時間的維度，形成三維空間加一維時間的世界。

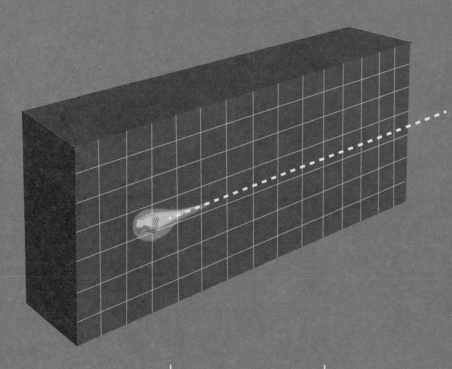
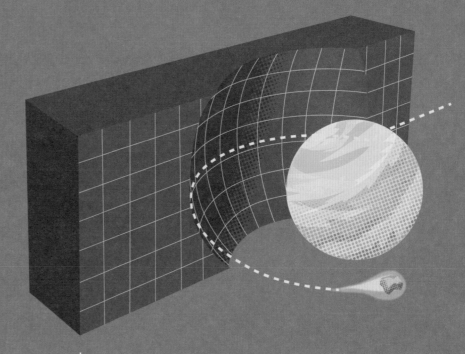

天體（例如流星體）在時空中的運動，就像彈珠滾過布料一樣。

假如時空沒有彎曲變形，那麼流星體就會走直線。

倘若時空因為星球存在導致變形，那麼流星體則會沿著彎曲的路徑前進。

事實上，流星體的軌跡取決於它的速度：可能會繞著星球旋轉，也可能因為速度太慢而「掉」在星球上，變成在地球上我們看見的流星。

時空的彎曲決定了物體的運動，物體的存在決定了時空的彎曲

——約翰・惠勒

太陽比地球重得多了，所以太陽造成的時空彎曲程度，比地球造成的彎曲程度厲害得多。這是為什麼看起來是地球繞太陽，而不是太陽繞地球。同樣地，這也說明了為什麼是月球繞地球，而不是地球繞月球。

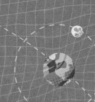

時空是一切事物
發生的所在

重力透鏡

連接兩點最短的距離是直線。

假如時空因為某個天體彎曲了,那麼光會怎麼走呢?

光穿越時空結構時通常會走「直線」,但如果經過一個很重的天體附近,時空的變形就會讓光走彎曲的路徑,即便**光並沒有質量**。

我們把這個現象叫做**重力透鏡**

想像我們是光,我們沿著變形的時空前進時,其實不會發現自己走在彎曲的路徑上。

多虧了重力透鏡效應,要不然如果有個黑洞或很大的星系擋在我們跟遙遠的星星之間,我們就永遠都沒有辦法看見這些星星了。

重力透鏡就像個超強的望遠鏡!

重力透鏡的想法由路迪・W・曼德爾提出,他是個在紐約餐館裡洗碗的業餘科學家,曼德爾跟愛因斯坦解釋這個想法,並說服愛因斯坦繼續重力透鏡的研究,最終該研究成果發表在 1936 年的期刊中,愛因斯坦也在論文中特別提及曼德爾的貢獻。

量子重力論?

就像光子傳遞電磁力一樣,物理學家相信重力是由重力子這樣的基本粒子傳遞的,不過至今沒人見過重力子,如果哪天能找到它,證實量子重力論,那將是非常偉大的科學成就。

這一切是怎麼開始的？

所有的東西，當然也包括了時空本身，構成了我們的宇宙。然而這一切究竟是怎麼開始的？

人們對於宇宙起源的說法，幾個世紀以來，不同的文明有不同的神話傳說。就在一百年前，人們還普遍認為宇宙是靜態的、不變的、永恆的。

時至今日，天文學家的觀測結果卻告訴我們，宇宙其實是動態的、可變的、膨脹中的。

當今科學界最普遍接受的宇宙起源說，是 大霹靂說 *。*

根據大霹靂理論，宇宙的開始是個非常緻密而且溫度非常高的一個小點。

在這之前，什麼也沒有，沒有物質、沒有能量、沒有時空。

大約 138 億年 前，這個小小的奇異點瞬間暴脹，產生了物質、能量、時空。我們的宇宙誕生了！

不可思議的高溫

不透明的宇宙

第一秒

宇宙劇烈膨脹、開始降溫，但溫度仍然高到物質與能量無法區別，四大基本作用力開始作用*。

宇宙瞬間從原子大小**暴脹**到蘋果大小，組成物質的基本粒子開始形成，包括物質與反物質。

一秒鐘以內，宇宙暴脹到一億公里大。

*重力、電磁力、強作用力及弱作用力。

第一分鐘

溫度下降，質子與中子開始結合形成原子核，這個時期的宇宙主要由 75% 的氫核與 25% 氦核組成。

大霹靂後 38 萬年：

宇宙復合期

溫度降到 3,500 度，這時的溫度低到原子核有機會抓住電子，形成穩定的氫原子、氦原子。此時光子得以毫無阻礙地穿過宇宙，或者說宇宙開始變得「透明」（光可以穿透）。

136 億年前

氫雲氣和氦雲氣因為重力吸引彼此碰撞，假如質量夠多、夠大，核融合反應將使得這團雲氣發亮。第一顆恆星誕生了！

星系出現後，彼此開始聚集成星系團、以及超星系團。（◉ 參考第 15 頁）

一開始產生的物質就比反物質多，物質打敗反物質留下來。

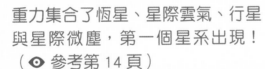

132 億年前：宇宙黎明期

重力集合了恆星、星際雲氣、行星與星際微塵，第一個星系出現！（◉ 參考第 14 頁）

宇宙開始形成宇宙網（◉ 參考第 38 頁），星系團與超星系團之間靠著暗物質，連成巨大的網狀結構，網之間則空無一物。

週期表上的許多元素，例如碳、氮、氧、鐵，在恆星內誕生。

星系

星系由數百萬計的恆星、行星、宇宙微塵、氣體雲、暗物質所組成，藉由重力把大家拉在一起。

星系 **有大有小**，小的如 **1,000 萬**顆恆星組成的**侏儒星系**；
大的如 **100 兆**顆恆星組成的**巨人星系**。

星系也有不同的 **形狀**

螺旋形

橢圓形

透鏡形

不規則形

可測的宇宙中已經
發現了 2 兆個星系，
也就是
2,000,000,000,000 個
星系！

試著想想這當中有多少顆恆星

我們仰望星空時看見的幾千顆恆星，
不過是本銀河系的幾千億顆恆星的一
小部分，所以怎麼想像 2 兆個星系
裡，會有多少恆星啊！

本銀河系是個螺旋狀星系，太陽系位在其中一個螺旋臂上，我們的銀河系大到即使是光，也要花 20 萬年才能從這一頭到走另一頭。（◉ 參考第 17 頁）

我們的鄰居**仙女座星系**距離我們 250 萬光年，長得跟我們的銀河系很像。

漆黑的夜晚，用肉眼就可以看見仙女座星系，用望遠鏡看當然更清楚。不過別忘了，光從仙女座星系出發的時候，我們的祖先才剛從樹上爬下來用雙腳走路呢！

本銀河系的側視圖

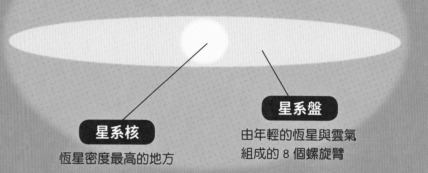

星系暈
由星際雲氣與暗物質組成（◉ 參考第 36 頁），這裡幾乎沒有恆星

星系核
恆星密度最高的地方

星系盤
由年輕的恆星與雲氣組成的 8 個螺旋臂

星系群、星系團和超星系團

拜重力所賜，星系群、星系團和超星系團都是一群一群出現，組成星系聚落。

星系群 最多有 50 個星系，我們的本銀河系所在的星系群稱為本星系群。

星系團 比星系群大，可能由幾千個星系組成，室女座星系團距離我們 6 千萬光年，有 1,300 個星系在其中。

超星系團 星系團的大集合，是宇宙中最大的結構。室女座超星系團或本超星系團，是由大約 100 個星系群或星系團組成，其中包括我們的本銀河系所在的本星系群，核心組成為室女座星系團。

地球

直徑 12,142 公里

地球到月球：平均 384,402 公里

人類居住的地球，是太陽系的第三顆行星

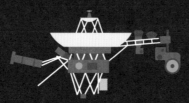

海王星：30 天文單位

天王星：19.2 天文單位

地球：1 天文單位

地球到太陽的距離稱為 1 天文單位 (AU)，有 1 億 4,960 萬公里。

本銀河系

我們的銀河系有幾千億顆恆星，距離我們最近的是比鄰星，有 4 光年遠。

1968 年以來，總共有 24 個太空人到過月球（實際登陸的有 12 人），這是目前為止，人類足跡曾到達最遠的地方。

太陽系

太陽系有八大行星，各自以橢圓軌道繞著太陽轉，太陽系內還有數以百計的衛星（繞著行星轉）、小行星、矮行星等天體，主要分布在小行星帶以及更遠的庫柏帶。

木星、土星、天王星、海王星屬於類木行星，主要的組成都是氣體

太陽系裡的行星以及主要的衛星

木衛二的表面冰層下可能有海水

● 木衛四
● 木衛三
● 木衛二
● 木衛一

土衛二
土衛八
● 土衛六
· 土衛五

天衛三
天衛四

· 海衛一

冥王

· 月球

穀神星

水星　金星　　地球　　　火星

類地行星　　　　小行星帶

木星

土星

天王星　海王星

宇宙的大小

我們只看見宇宙的一小部分，所以我們無法得知它到底有多大？有限還是無限？有邊界還是沒有邊界？因為只要超出可觀測的範圍以外，我們永遠不可能知道那兒有些什麼，所以問了好像也沒用。但無論如何，宇宙鐵定大得超過我們的想像！

本星系群

包含大大小小、不同形狀的 50 個星系。

室女座超星系團

這個以室女座星系團為主的超星系團，大約由 100 個星系群、星系團組成。它的大小有 3,300 萬秒差。（1 秒差 = 206,265 天文單位 = 3.2616 光年）

1,000 萬光年

室女座星系團
（超過 1,300 個星系）

250 萬光年

仙女座星系

冥王星和鬩神星
屬於矮行星

神星

庫柏帶

難以想像，這麼大的室女座超星系團，也不過是我們可觀測宇宙中、百萬個超星系團之一而已！

恆星怎麼誕生的？

就像人一樣，恆星也會經歷出生、成長、死亡的過程。

星雲中密度較高的地方，氣體與灰塵開始因為<u>重力</u>彼此吸引聚集，在雲氣中集結成塊。

星際間的低溫雲氣跟灰塵聚集的地方稱為 **星雲**，這就是恆星誕生的地方。

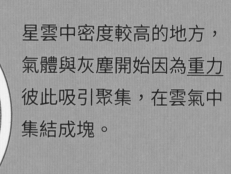

年輕的恆星周圍有層原行星盤，行星會從這裡誕生，最後形成類似我們太陽系的結構。

星雲中的氣體主要是大霹靂時產生的氫氣，至於灰塵則多半是恆星死亡前爆炸的殘渣。

你看！宇宙也會資源回收再利用喔！

這些物質集結變大後，就能吸引更多的物質，雲氣也因為重力收縮溫度變高。

重力持續壓縮氣體跟灰塵，溫度越來越高，物質越來越密，氫原子劇烈碰撞發生核融合反應，生成氦原子並產生巨大的能量。

這就是新生恆星能量的來源

獵戶座大星雲

晴朗的夜空，肉眼就可以看見獵戶座的腰帶下方的這團星雲，它就是有名的 **M42：獵戶座大星雲**。這裡聚集了大量的雲氣及灰塵，孕育出許許多多的恆星。

假如透過望遠鏡觀察，你會看到各個剛誕生的恆星，除此之外，天文學家也觀測到了原行星盤，這也暗示了行星正在生成。

恆星的種類

恆星有許多種：白矮星、棕矮星、黃矮星、次巨星、紅巨星、藍巨星、藍超巨星、中子星……等，分類也有不同的方式，我們要介紹的是利用恆星的溫度（顏色）、光度（發光的能力）以及大小來分類的赫羅圖。

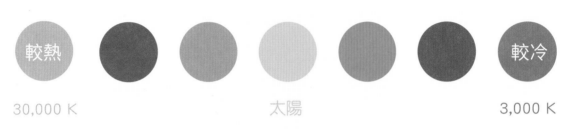

較熱						較冷
30,000 K			太陽			3,000 K

恆星的顏色由它的表面溫度決定

光度是將恆星的亮度與我們的太陽亮度比較的結果，假如某恆星的亮度是太陽的兩倍，我們就標記光度為 2L☉。

尺寸差異

恆星的大小差別很大，若要畫在同一張圖上比較相當困難。像獵戶座的參宿四這顆紅巨星，就比太陽大了 887 倍！（不過質量倒是只有太陽的 19 倍）

太陽 ——

天狼星 ——

畢宿五 ——

參宿四 ——

參宿四的表面溫度約 3,500 K，光度為 140,000 L☉。

天空中數以兆計的恆星中，人們只將星座中的恆星取了名字，大約幾百顆左右。有些恆星還有不同的稱呼，取決於是哪個年代、由哪個文明來命名。

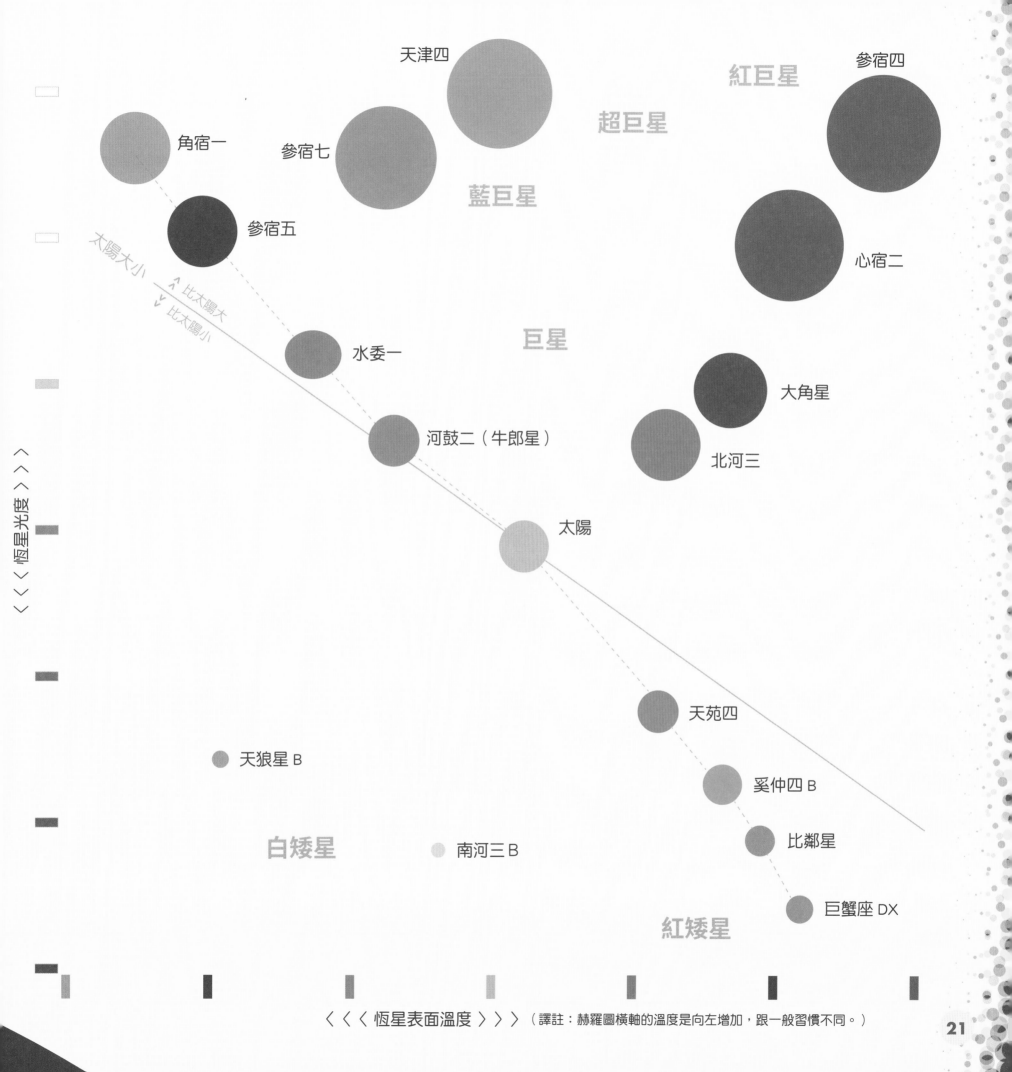

天津四

角宿一

參宿七

紅巨星

參宿四

超巨星

參宿五

藍巨星

太陽大小

∧ 比大陽大
∨ 比大陽小

心宿二

巨星

水委一

大角星

河鼓二（牛郎星）

北河三

〈〈〈 恆星光度 〉〉〉

太陽

天苑四

天狼星 B

奚仲四 B

比鄰星

白矮星

南河三 B

巨蟹座 DX

紅矮星

〈〈〈 恆星表面溫度 〉〉〉（譯註：赫羅圖橫軸的溫度是向左增加，跟一般習慣不同。）

恆星的一生

感謝恆星內部的核融合反應，
我們才能看見它們閃閃發亮。

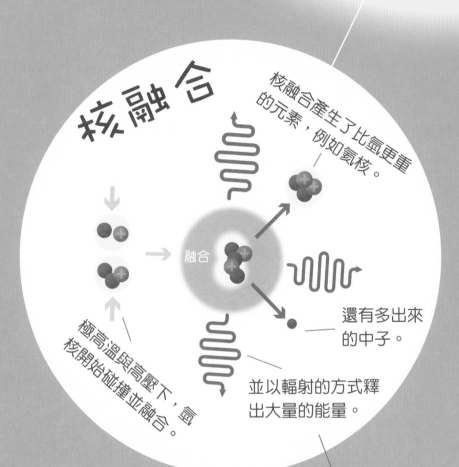

核融合

核融合產生了比氫更重
的元素，例如氦核。

還有多出來
的中子。

並以輻射的方式釋
出大量的能量。

極高溫與高壓下，氫
核開始碰撞並融合。

融合

恆星誕生時，它的
主要成分是氫，而
氫就是恆星發光發
熱的燃料。

輻射產生光與熱，
這就是我們能夠看
見恆星的原因。

維持平衡

重力

核融合

核融合產生的巨大能量造成的外膨的力量、剛好平衡了內縮的引力（重力）。但是當恆星的燃料快用完時，平衡的情況可能會打破，這時恆星便開始邁向死亡。不過恆星出生時有不同的大小，比較重的通常比較熱、比較亮，因此燃料也用得快，所以生命反而比較短。

我們的太陽

我們環繞著、賴以維生的這顆恆星，也有它的出生與死亡。

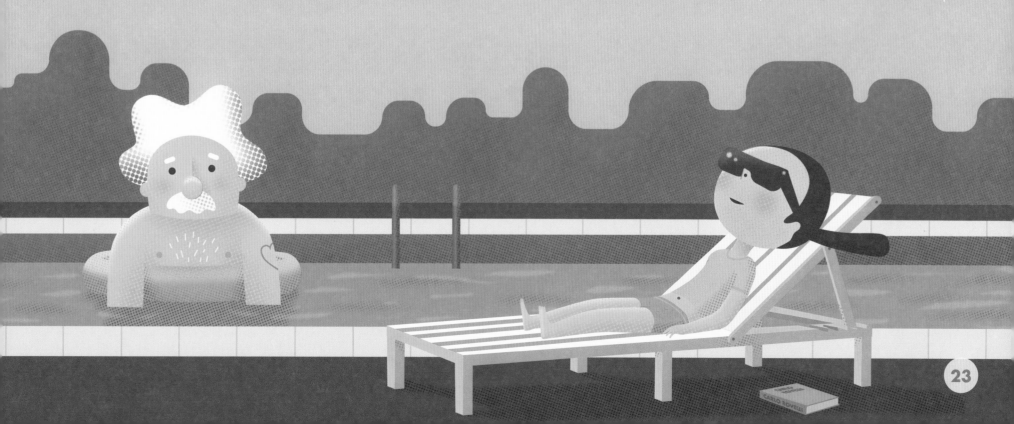

像太陽這樣的恆星，大概要花一億年形成，星際物質因為重力吸引碰撞，直到溫度夠高、壓力夠大，開始核融合反應。

太陽的氫氣大概夠它燃燒個 100 億年，而參宿四這顆質量比太陽大上 19 倍的紅巨星，卻只能燒個 1,000 萬年。

到目前為止，太陽大概用掉了一半的燃料，正處於中年時期，它的燃料還夠燒個 45 億年。

當太陽開始邁入老年，它的大小每一億年會增加 1%，經過不同階段的變化後，形成一顆紅巨星，這時的體積大到連水星和金星都會被吞沒，地球當然也不能住人了。

最後，當所有的燃料耗盡，太陽的核心將塌縮成白矮星，拋出的氣體在周圍形成行星狀星雲，太陽便逐漸黯淡並走向死亡。

恆星怎麼死亡？

重力　　　　　　　　　核融合

恆星的一生,是向內壓的重力與向外膨的核融合壓力,兩者不斷角力的過程。

一旦恆星的燃料耗盡,**重力贏得最後勝利**,而恆星也走完一生。
但恆星究竟是怎麼死亡?

取決於它的 質量 大小

小型或中型恆星
(至多 8 倍的太陽質量)

這些是最常見的恆星,有 97% 的恆星都屬於這一類。它們活得最久,通常是幾十億年,我們的太陽是其中之一。

當它們的燃料即將耗盡時,核心會變得越來越熱,體積也會膨脹得越來越大。

大型恆星
(8~30 倍的太陽質量)

跟中小型恆星相比,這類的恆星質量更大,所以熱與壓力也更大,反而沒有辦法活那麼久。

當它們的燃料即將耗盡時,也會經歷膨脹與冷卻的過程,但因為一開始非常亮,所以過程是:**藍巨星**、**黃巨星**、最後變成**紅超巨星**。

超大型恆星
(30 倍以上的太陽質量)

這類的恆星質量最大,它們的演化過程跟大型恆星相同,但是快得多。

一旦耗盡所有的燃料，恆星將外層氣體拋出形成行星狀星雲，留下熱的內核， 也就是 白矮星 。

這個階段，恆星的內核區域可能形成一些較重的元素，例如碳、氧。

隨著表面積變大，表面漸漸冷卻，顏色由黃轉紅，變成紅巨星。

雲氣和灰塵開始散去，未來可能變成其他恆星形成的原料。

白矮星漸漸冷卻，大約 1 萬年以後，它的溫度低到不再發光了，這時就變成一顆黑矮星，它的大小也只剩下地球般大。

紅超巨星是宇宙中最大的星星。

超新星內可以形成銅、金、銀這類較重的元素。

超新星爆炸後會變成極端緻密的天體：中子星 ，這也是宇宙中密度最大的星星。

中子星的密度有多高？一顆跟太陽一樣重的中子星，半徑只有 10 公里，但是太陽的半徑卻高達 695,700 公里。

每隔幾天，
就會誕生一顆超新星，
亮度稱霸整個星系。

大質量的

超大質量的

重力大到連光都無法逃脫。

當它們的燃料耗盡時，極大的重力造成內核塌縮爆炸，造成宇宙中最劇烈的事件：超新星 爆炸 。

爆炸後，所有的質量擠在非常小的區域，形成極大的重力場，超大型恆星變成了 黑洞 。

我們會在第 30 頁介紹黑洞

地球外有生命嗎？

地球外有數以兆計的恆星、各自擁有自己的行星系統，就像太陽與地球一樣，我們可以合理推論地球外應該有其他的生命存在。

當我們說「生命」時，我們指的不該只是具備發展高度文明的智慧生物。生命有不同的形式，例如地球上有各種動物、植物、微生物存在，所以或許有些生命，以我們從未想像過的樣貌存在。

就算地球外有高度發展的智慧生物存在，他們也可能在數百萬年前就滅絕了，或者他們距離我們幾百萬、千萬光年之遠，很難有機會聯繫上。雖然如此，科學家還是努力尋找類似地球這樣有生命存在的行星。

K2-18 b

科學家已經找到了一些系外行星適合人類居住。

獅子座的 K2-18 b 繞著一顆紅矮星旋轉，它的位置恰好在適居帶上，距離地球 110 光年。在所有位於適居帶上的行星中，K2-18 b 是第一個大氣中含水的，它的表面可能是固態岩石，溫度也剛好適合生命。身為超級地球的一員，它的直徑是地球的 2 倍，質量是地球的 8 倍，在這麼強的重力下，我們可能寸步難行。K2-18 b 雖然比我們大很多，但表面還是可能有陸地及海洋。

當行星跟恆星的距離適中，使得行星的溫度恰好能讓**液態水**存在，這個區域就稱為**適居帶**。

液態水是地球上的生命存在的必要條件，因此天文學家相信，位於適居帶的系外行星上，發現生命的機率也比較大。

太靠近恆星的話，行星表面的水都蒸發掉了；太遠離恆星的話，水又都結成了冰。

系外行星

系外行星指的是太陽系以外、繞著另一顆恆星旋轉的行星。就像太陽系一樣,其他的恆星當然也可以形成它們自己的行星系統。截至目前為止,我們已經發現了數以千計的系外行星,他們有不同的大小、形狀,有些像木星跟土星一樣,是體積龐大的氣態行星;有些則像我們的地球跟火星一樣,具有岩石的表面。而那些位於適居帶的行星,最有可能發展出生命。

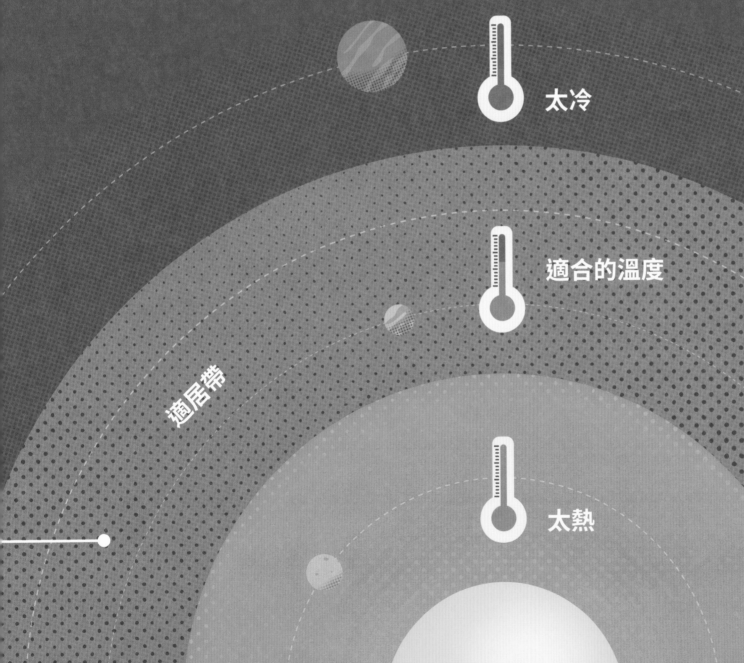

太冷

適合的溫度

適居帶

太熱

脫離速度

把石頭往上丟，石頭往上飛的過程中，速度會越來越慢，直到最高點以後開始往下掉，這是因為地球的重力把它往下拉。不過我們越用力丟，石頭就可以飛得越高。

我們丟得夠大力的話，石頭會被我們丟到外太空嗎？

速度大到可以脫離地球引力的束縛時，我們稱為 脫離速度。

計算結果顯示地球的脫離速度是

**11.2 km/s 或
時速 40,320 公里**

這得飛得非常非常快才行！

脫離速度跟物體的質量、速度都沒有關係，這表示不管物體多重、是不是垂直向上丟，脫離速度都一樣。

但不是在所有的天體上脫離速度都一樣喔！重力場越強脫離速度越高。

木星　　火星

例如：木星的脫離速度是 60 km/s，而火星卻只有 5 km/s。比地球輕很多的月球，脫離速度僅有 2.4 km/s。

月亮為什麼不會掉下來？

假如地球的重力會吸引物體，那麼月亮為什麼不會掉下來？

其實月亮一直在往地球「掉」，雖然看起來一點也不像。

拋物線

向前方發射一枚砲彈，砲彈會受到地球的重力作用，形成拋物線的軌跡。

假如以超過 11.2 km/s 的速度發射砲彈，砲彈就可以脫離地球的重力束縛，飛向太空。

圓形軌道

不過若是以接近 11.2 km/s 的速度發射砲彈，這時的軌跡就會跟地球的弧度一樣，最後形成繞著地球的一圈軌道，砲彈便不會「落地」。

換句話說，砲彈進入了繞地球飛行的軌道。

這就是發生在月亮身上的事：

月亮一直在往地球「掉」。

假如有個星球質量非常大、重力非常強，以致於它的脫離速度高達 300,000 km/s，也就是光速！

那麼就表示連光都無法逃脫它的引力，更別提其他有質量的東西了。

這樣的天體真的存在，就是**黑洞**。

黑洞是宇宙中的怪物。

極大的質量、極強的重力場，連光都可以抓得住。

黑洞是時空結構中的一個洞，所有的東西都會掉進去、逃不出來。它強大的重力場可以吞噬所有靠近它的東西，不管是宇宙塵埃、彗星、行星、恆星，還是光，全都被這隻黑色大怪物狼吞虎嚥吃光光。

黑洞裡有什麼？
我們永遠不知道。

黑洞之所以「黑」，就是因為連光都逃不過它的引力，所以我們當然也看不見它。

黑洞的邊緣稱為
事件視界。

一旦跨進這界線，
就永遠出不來了。

裡面肯定有線索，
只是我們拿不到。

我們無法得知黑洞內部的祕密，就像有個宇宙審查官不准我們知道一樣。

黑洞是怎麼誕生的？

我們在第 25 頁介紹過，超大型恆星死亡過程中的超新星爆炸，形成了黑洞。

當恆星的質量非常大時，重力會造成內核塌縮，所有的質量壓縮成無限小的點。

這麼劇烈的事件使得時空也被扭曲成一個點，造成了黑洞周圍的極大重力場。

我們相信多數的大型星系中心，都有個超大質量的黑洞。

黑洞有多大？

恆星級黑洞
10 倍太陽質量的恆星形成的黑洞很小，直徑大約 30 公里。

超大質量黑洞
百萬倍太陽質量的恆星所形成的黑洞很大，直徑可達行星軌道大小，這類的黑洞可以在大型星系的中心找到。

黑洞「蒸發」

這個奇怪的想法來自偉大的物理學家史蒂芬·霍金，他預測黑洞會透過散發輻射的方式，慢慢損失自己的質量，最終蒸發殆盡，這就是霍金提出的「霍金輻射」理論。

雖然這還要很久很久以後才會發生，但到底多久呢？答案是：1,000,000,000,000,000,000,000,000,000……（總共 67 個零）年以後。

（宇宙的年齡也不過是 13,800,000,000 年）

怎麼找黑洞？

我們當然「看」不到黑洞，但是我們可透過它在周圍形成的巨大重力場效應來找，例如：它造成的重力透鏡效應（◉ 參考第 11 頁），使我們能看見黑洞後面的星星。我們也可以透過觀察星星的軌跡，判斷它們是不是繞著一個很重很重、卻不發光的東西旋轉。

掉進黑洞會發生什麼事？

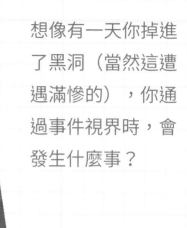

想像有一天你掉進了黑洞（當然這遭遇滿慘的），你通過事件視界時，會發生什麼事？

呼救是沒用的，外面的人看不到也聽不到你，因為沒有任何訊號能發出來，就連光都不行。

你往黑洞中心掉，腳上受到的拉力比頭上的還大，就像有兩個巨人用力拉著你的頭跟腳，於是你像麵條一樣被拉長，最後變成碎片消失在黑洞中。

宇宙背景輻射

ESA 普朗克衛星所拍攝的宇宙背景輻射

宇宙最老的照片

它是一張宇宙背景輻射（或稱宇宙微波背景輻射）照，微波是電磁波的一種，**大霹靂**發生 38 萬年以後，整個宇宙充滿這種「光」（電磁波），然而這究竟代表什麼？

還記得嗎？光的粒子狀態叫做光子，它們沒有質量，但可以攜帶能量，運動時都以直線前進。
◉ 參考《我的第一本量子物理》

質子

電子

光子　　原子

半透明時期的宇宙

早期宇宙主要由質子、電子這類帶電粒子組成，這類粒子的運動速度極快，彼此碰撞產生高溫，這種狀態稱為**電漿態**，跟恆星內部很像。

這個時期的宇宙很熱，光子持續跟電子、質子碰撞。

這麼頻繁的碰撞下，光子無法自由地走直線，這是為什麼這個時期宇宙看起來不太透明（發光但是**不透明**）。

復合時期的宇宙

宇宙持續膨脹並冷卻，在大霹靂的 38 萬年以後，溫度大約冷卻到 3,000 K，這時電子跟質子開始可以結合成為原子，光子可以自由地穿越，宇宙變得透明了。

這時期的光子，就是我們所測到的、來自四面八方的宇宙背景輻射。

可見光

微波

伽瑪射線　X射線　紫外線　紅外線　　　　　　　無線電波

能量更高

能量較低

光是電磁波，不過人類看得見的電磁波：**可見光**，只是電磁波譜中很小的一段。

光的波長越短能量越高。

宇宙早期的光子能量很高很亮，但隨著宇宙膨脹，它們漸漸喪失了能量，最後波長落在微波波段。

現今宇宙的溫度大約是 3K，比絕對零度多出 3 度而已（絕對零度是理論上的最低溫度），為什麼是 3K？因為我們測到的宇宙背景輻射對應的就是這個溫度。

回到過去

你可能知道太陽發出的光需要大約 8 分鐘才能到達地球，也就是說我們看見的其實是 8 分鐘以前的太陽。同樣的道理，我們在夜空中看見的星星，可能是幾千年前它們的樣子。

我們看得越遠、那些光就需要花越長時間到達，也就表示我們看到的是越古老以前。

宇宙背景輻射是我們可以看見的最老的訊號，因為在「復合時期」以前，光子沒辦法自由穿梭宇宙，也因此我們永遠看不到那個時期的情況。

宇宙背景輻射是在 1965 年，由阿諾‧彭季爾斯與羅伯特‧威爾遜兩位電波天文學家發現的。

當時他們的天線偵測到未知的微波訊號，均勻來自於天空各個方向。一開始他們還以為這是鴿子在天線上築巢造成的雜訊，可是清除鳥巢後，訊號竟然還在！

同時期，不遠處的普林斯頓大學有另一組科學家們正在找宇宙背景輻射，當他們得知彭季爾斯與威爾遜的發現後，便推論這個訊號應該就是宇宙背景輻射。

所有我們看得到的、摸得著的，甚至組成我們自己的這些物質，都不過是宇宙中所有物質的一小部分而已。剩下的是什麼？我們也不知道，姑且稱為暗物質吧！

神祕的暗物質

正常的物質是由質子、中子、電子組成的「重子物質」；暗物質不同，它幾乎不跟任何東西反應，包括光。探測暗物質的唯一方式是透過它產生的重力場，這也暗示它是有質量的。

有關暗物質，我們知道多少？

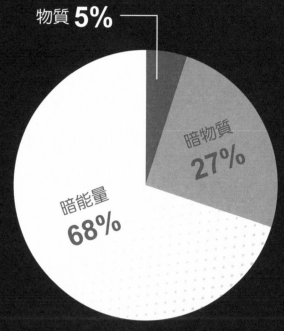

物質 5%

暗物質 27%

暗能量 68%

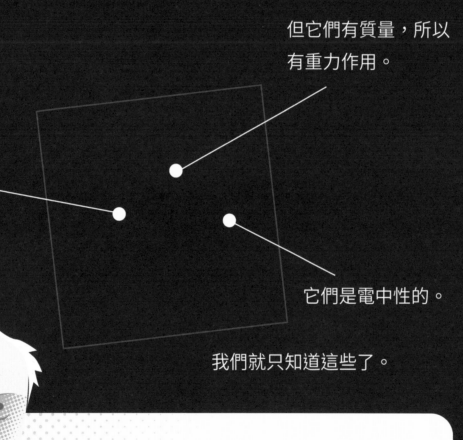

它與光之間不起作用，不吸收光也不放出光，所以我們看不見它們，與其說它們是「暗」物質，倒不如說它們是「透明」的。

但它們有質量，所以有重力作用。

它們是電中性的。

我們就只知道這些了。

1933 年，費里茨・茲威基（1898-1974）的觀測顯示，后髮座星系團的星系間，可能存在一種看不見的物質，因此他提出暗物質的假說。

在宇宙中所有的物質與能量中，暗物質的比例高達 27%，為什麼這樣的比例我們會說它高呢？因為所有的物質加起來也不過占了 5% 而已，剩下的則是占 68% 的暗能量。（參考第 42 頁）

尋找暗物質

宇宙中的暗物質含量很多，可是到目前為止，尋找暗物質的工作卻還沒有進展。許多實驗計畫的目標是找出組成暗物質的粒子。雖然科學家預測這種粒子的質量很輕，但是因為它們的數量夠多，所以造成的重力效應還是有機會測得到。

怎麼得知暗物質的存在？

暗物質不跟光起作用，但我們可以<u>測量它的重力作用</u>。

例如：我們根據某個星系的恆星數量推論它的質量，但跟重力作用推算的質量相比後，發現竟然有 80% 的質量存在而我們卻沒看見！這消失的 80% 會是什麼？

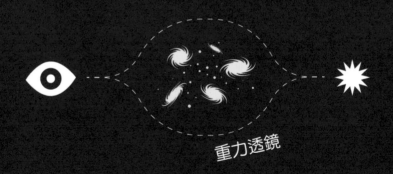

重力透鏡

或者我們可以利用重力透鏡效應（ 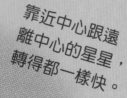 參考第 11 頁）：重力透鏡將光線彎折，讓我們有機會看見被星系群擋住的物體，而只有當星系群的質量夠、也就是裡面有很多暗物質存在時，這才會發生。

薇拉・魯賓 (1928-2016)，美國天文學家，她測量恆星繞星系中心旋轉的速度，找到了暗物質存在的有力證據。

理論上，距離星系中心較遠的星星應該轉得比較慢，而魯賓發現不是如此，不管距離中心多遠多近，星星都轉得一樣快。這是因為暗物質的存在導致。

靠近中心跟遠離中心的星星，轉得都一樣快。

宇宙網

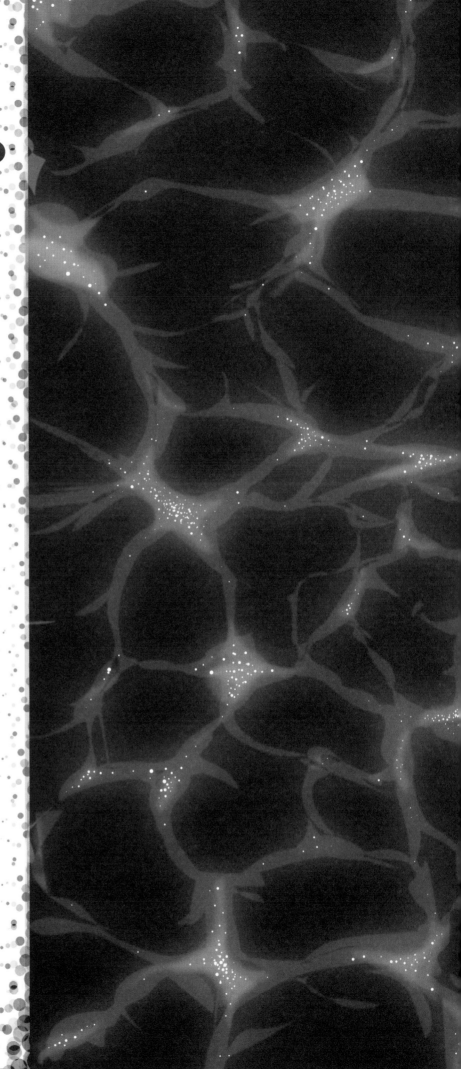

宇宙網是宇宙中最令人驚奇的結構了，**巨大的氣體網絡**將星系彼此相連，形成**宇宙蜘蛛網**。

大霹靂後產生的氫氣，半數以上構築了這些長達 **300 萬光年**的絲狀結構，連接星系與星系間。
絲與絲之間空無一物，就像相連的泡泡一樣，中間空空的。

絲與絲交錯的點，則是**星系**聚集的地方（ ◉ 參考第 15 頁），感謝**暗物質**的存在，把數以千計的星系用**重力**聚集在一起。

暗物質的重
力作用把超星系
團聚在一起。
（ 👁 參考第 15 頁）

宇宙網的結構
像極了大腦的
神經網路。

宇宙在膨脹

喬治・勒梅特

亞歷山大・弗里德曼

喬治・勒梅特 (1894-1966)，比利時人，身兼天主教神父、數學家、天文學家；**亞歷山大・弗里德曼** (1888-1925)，俄國物理學家，他們兩位是最早提出**宇宙膨脹理論**的科學家。

可惜當時這種想法沒有得到重視，一直到了 1929 年，天文學家**愛德溫・哈伯** (1898-1974) 觀測到**宇宙真的在膨脹**，科學界才改觀。

愛德溫・哈伯

哈伯觀測發現，多數的星系都在遠離我們，不只如此，那些離我們越遠的，遠離的速度也越快。

勒梅特意識到，假如宇宙在膨脹，我們可以倒推回膨脹的起點，也就是宇宙的開始：**大霹靂！**（雖然當時勒梅特管它叫做原始原子說）

二十世紀初的科學家們，包括愛因斯坦在內，都認為宇宙是永恆不變的：永遠存在、永遠不變。直到哈伯的發現，人們對宇宙認識才轉變成：它是動態的、它是變化的。

宇宙膨脹到底是什麼意思？

想像氣球上有幾隻靜止不動的螞蟻。

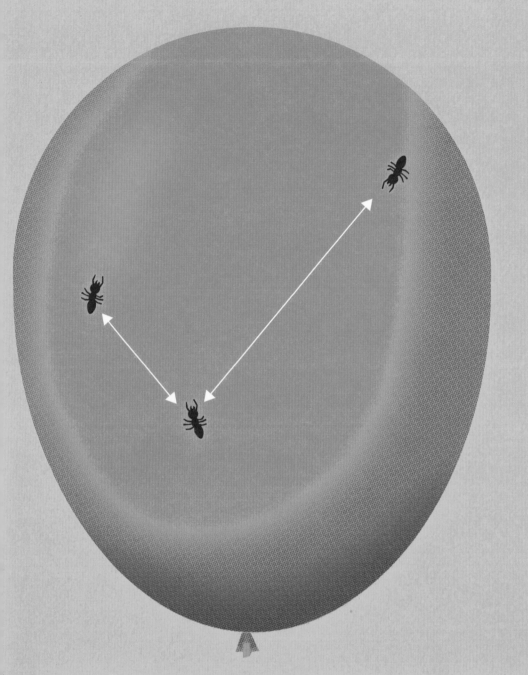

當我們開始吹氣球，氣球越變越大時，螞蟻之間的距離也越來越遠。

這時每隻螞蟻都會以為自己是中心點，因為它看到別的螞蟻都在遠離自己！但是從外面看來，沒有一隻螞蟻是特別的，因為球面沒有「中心點」。

宇宙時空膨脹的過程也很類似，就像拉伸彈性布料時，上面的每個點都在遠離彼此一樣。

所以，沒有任何一個地方我們可以說它是宇宙中心，因為不管你在宇宙何處，你看到所有東西都在遠離你，這會讓你誤以為自己是中心。

是時空在擴張！

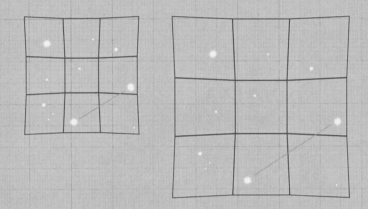

從大霹靂開始，宇宙就持續膨脹，創造出越來越多的時空。

哈伯－勒梅特定律

哈伯－勒梅特定律：觀察兩個遙遠星系，2 號星系跟我們的距離是 1 號星系的兩倍，那麼 2 號星系遠離我們的速度也會是 1 號星系的兩倍。用圖來表示可能更清楚些。

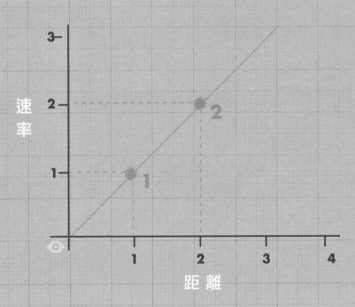

距離我們越遠的星系，遠離我們的速率越快。

暗能量

暗能量是種充滿宇宙的奇怪能量，原本大尺度的範圍裡，重力應該是主宰，把宇宙間的天體都拉在一起，但是基於某種未知的原因，星系卻是彼此遠離！

你可能認為星系間應該因為重力作用彼此吸引。

但愛因斯坦不這麼想，他認為宇宙應該是靜態的，所以他假設有個未知的力量抗衡重力，使宇宙維持靜止穩定，他稱為宇宙常數 Λ。

別誤會！暗能量可是跟暗黑勢力、光明勢力的對抗，一點關係都沒有呢！

可是觀測證據顯示宇宙正在膨脹，膨脹的原因是**大霹靂**，而**暗能量**加速了宇宙的膨脹。

我們不知道暗能量是什麼、從何而來，我們只知道它存在，而且讓宇宙膨脹得越來越快。

1998 年，科學家觀測超新星爆炸時發現，遙遠星系遠離我們的速度竟然比預期中的還要快。

當時科學家已經知道宇宙在膨脹，只是他們以為宇宙膨脹的速度是固定的，所以星系間彼此遠離的速度應該也是固定的。

所以當科學家們發現遙遠星系竟然加速遠離我們，他們是多麼驚訝啊！

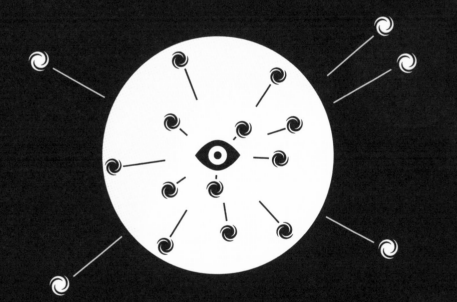

宇宙怎麼會加速膨脹呢？

謎底就是暗能量。

雖然我們不知道它是什麼，但它是造成宇宙負壓現象的原因，使宇宙充滿排斥的重力。

暗能量的作用有如反重力，將星系分開來而不是吸引在一起，也讓它們彼此遠離的速度越來越快。

雖然我們不知道它是什麼，但它就在那兒，主宰著宇宙的命運，一去不回頭。

宇宙有 68% 是由暗能量組成的

（原來我們根本搞不清楚宇宙是什麼組成的 ）

重力波

物質在時空移動時，造成的擾動會像漣漪一樣，以光速傳出去，我們稱為**重力波**。

想像有個軟木塞在靜止的池塘中，如果我們突然把軟木塞拉起來，水會立即補充軟木塞原本占據的空間，於是這個擾動形成同心圓的波（也就是漣漪）向外傳。

假如我們把太陽突然拿走，類似的事情也會發生。太陽會彎曲它周圍的時空，吸引地球和其他的行星。

如果太陽突然被拿走了，原本周圍彎曲的時空就會「彈」回原狀，造成的擾動也像漣漪一樣向外傳播，這就是重力波，大約 8 分鐘以後到達地球。

軟木塞

波

跟宇宙的其他基本作用力*比較起來，重力非常弱，加上重力波傳播了很遠才到達我們這裡，途中喪失了許多能量，所以重力波很不容易測到。因此即便愛因斯坦預測了重力波的存在，但也認為幾乎不可能測到它。不過科技進步得很快，我們已經有能力測得到能量較大的重力波，例如兩個黑洞碰撞產生的重力波。

* 電磁力、強作用力、弱作用力

時空中的波

兩個黑洞碰撞

偵測重力波

2015 年 9 月 14 日，人類首次偵測到重力波。

這個重力波來自於遙遠的兩個黑洞碰撞，它們距離地球 13 億光年，訊號被 LIGO 重力波觀測站測得。

美國的 LIGO 觀測站其實有兩個，必須同時都測得訊號才算數。VIRGO 則是歐洲的重力波觀測站，靠近義大利的比薩；至於 KAGRA 是日本的觀測站，位於飛驒市。

LIGO 使用所謂的**干涉儀**技術來偵測重力波。

1. 雷射光分成兩道。

2. 光在兩個互相垂直的真空腔內來回行進。

3. 雷射光打到真空腔末端的反射鏡。

4. 兩道反射光抵達偵測器，檢查它們到達的時間是不是相同。

4 公里

4 公里

兩道光同時抵達偵測器（同相位）。

如果兩道光走的長度差一點點，它們的相位就會不同。

LIGO 可以測到的長度差異比一個原子還小！

因為干涉儀的兩個路徑長度一樣，所以分開的兩道雷射光會同時抵達偵測器。不過當重力波傳到地球時，造成的時空連漪將使得其中一道光走的路徑變短，於是兩道光不再同時抵達偵測器，這就是我們偵測重力波的原理。

LISA 計畫

LISA 是個超級敏銳的重力波偵測器，由三個繞著地球的太空船組成，它們形成的等邊三角形的邊長甚至長達 250 萬公里。太空船間的距離以雷射精準地控制著，假如重力波經過的擾動造成了微小的距離變化，LISA 就能測得訊號。

LISA 是 ESA 與 NASA[*] 的合作計畫，它驚人的靈敏度，可以測到 LIGO 跟 VIRGO 都測不到的極微小訊號。

[*] ESA：歐洲太空總署
    NASA：美國太空總署

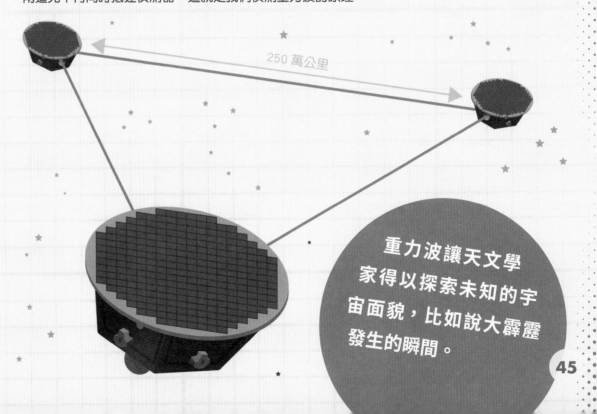

250 萬公里

重力波讓天文學家得以探索未知的宇宙面貌，比如說大霹靂發生的瞬間。

蟲洞

我們已經知道，時空會因為物質或能量而彎曲，就像有彈性的畫布放上重物一樣。

在一張紙上畫兩個點，如果想用鉛筆連接這兩個點，讓我們先將紙張對折。

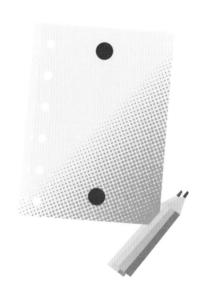

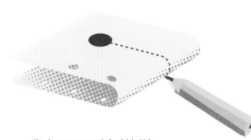

我們可以這樣做。

這樣快得多！

我們也可以在紙上打個洞走捷徑。

時空中也是一樣，我們可以將時空彎曲成圖中的形狀，這樣就可以造出一個通道，連接兩個點。通道的兩端連結了時空中的兩個區域，讓我們能快速地穿過通道抵達另一端，這就是 蟲洞 。

蟲洞是宇宙中的高速公路，把相距遙遠的兩個時空點用捷徑連起來。

想像一下，如果太陽系跟半人馬座的南門二之間有個蟲洞，而且入口就在你家客廳……

……你就可以隨時穿越蟲洞，
抵達 4 光年以外的比鄰星渡假小屋玩。

我們不知道蟲洞是不是真的存在，到目前為止，它們都還只是廣義相對論的假設而已，不過哪天要是真的發現或造出蟲洞，那一定酷斃了！

假如蟲洞連結的時空點，一個是過去一個是未來，那麼蟲洞就是一座
時光機。只是，這要怎麼進行呢？

警告！前方腦洞大開

首先，假設我們有辦法將時空彎曲得夠厲害，直到產生蟲洞，也將入口架在我們想要的地方。

別忘了，一旦產生蟲洞，時空中相距幾百萬光年的兩點，瞬間就接通了。如果你從入口照一道光，這道光立刻就會從另一端出來。

航向未來的方法之一是高速飛行。

地球的朋友過了 8 年半。

太空船以接近光速飛行。

太空船上的人只經過了幾個星期。

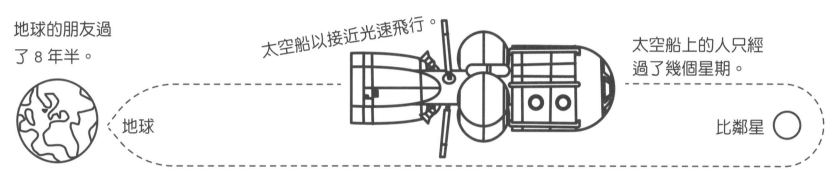

地球

比鄰星 ○

想像一艘太空船來回比鄰星一趟（比鄰星是距離地球最近的恆星），假如太空船以接近光速飛行，地球的我們認為已經過了 8 年半，但太空船上的人卻覺得只過了幾個星期，這是時間膨脹造成的現象。

這表示，你與同為 12 歲的好朋友，你去比鄰星旅行而他留在地球，當你太空旅行回來後，地球上的他已經 20 歲了，而你卻還是 12 歲。

⊙ 要了解為什麼運動中的人時間過得比較慢，可以參考《我的第一本相對論》

太好了！
接下來想像我們在 太空船裡 放一個蟲洞的入口，另一端在你朋友的臥室裡。

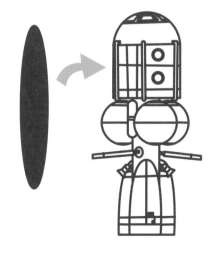

這表示，當太空船回到地球時，臥室裡的入口是現在，但是太空船裡的入口卻是 8 年半以前，你發現了嗎？我們造出了時光機！

當你從太空船的蟲洞入口進到臥室時，你進入了 8 年半以後的未來；但如果你是從臥室的這一端穿越蟲洞，那你將回到 8 年半前。

假如我們真的能造出蟲洞的話，就能任意連接時空中不同的點，打造時空任意門，去到我們想去的地方，不管是未來還是過去。怎麼樣？是不是很不可思議？

宇宙是什麼形狀？

或者問，宇宙的幾何結構是什麼？是立方體？球形？
甜甜圈？扁平的？棒球帽？還是像太空船？

**如果我們在某個東西「裡面」，我們要
如何得知這個東西的形狀？**

在地上畫一條直線，它看起來就是一條直線；不過如果我們把線畫得很長很長，然後從太空中看它，就變成一條沿著地表的曲線了。

雖然我們現在知道地球是圓的，但是很長的一段時間我們都以為地球是平的，畢竟日常生活中看到的地面都是「平」的，加上地球實在太大了，我們平常根本感覺不出來地表的彎曲程度。以此類推，宇宙的形狀會不會也是一樣？由於可觀測的宇宙範圍實在太大了，加上我們也沒辦法跑到宇宙的「外面」去看看它，所以宇宙真實的形狀，極有可能超乎我們的想像。

那麼，假如我們在宇宙中，畫很多超級無敵長、彼此相互交錯的線呢？

宇宙論原則

宇宙論原則主張，宇宙是均勻的、各向同性的，這表示不管你位在哪裡，朝哪個方向看，都會看到相同的樣貌。也就是說，宇宙中沒有哪裡是特別的，比如說有個中心點之類的，宇宙到處都一樣。依據這個原則，我們可以很快地剔除立方體、金字塔、棒球帽這些可能性了。

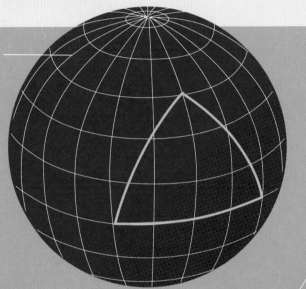

這些平行的子午線，交會於南北極。

假如把愛因斯坦的廣義相對論的數學式也納入考量，宇宙的形狀就只剩下 3 種可能：

球面，就像地球的表面，平行線會相交於一點、三角形內角和大於 180 度。

雙曲面，類似馬鞍的形狀，在雙曲面上的三角形，它的內角和會小於 180 度。

平面，我們最熟悉的形狀，平行線永遠不會相交，三角形內角和等於 180 度。

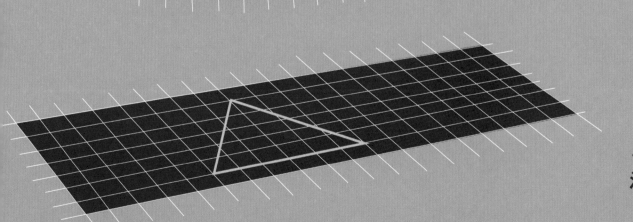

分析宇宙微波背景輻射（⊙ 參考第 34 頁）的觀測數據後，科學家普遍認為宇宙是平的，然而截至目前為止，我們對於宇宙的形狀為何，仍然沒有確切的結論。

可測的宇宙範圍

宇宙大到難以想像，我們能觀測到的只有其中一小部分，稱之為可觀測宇宙。

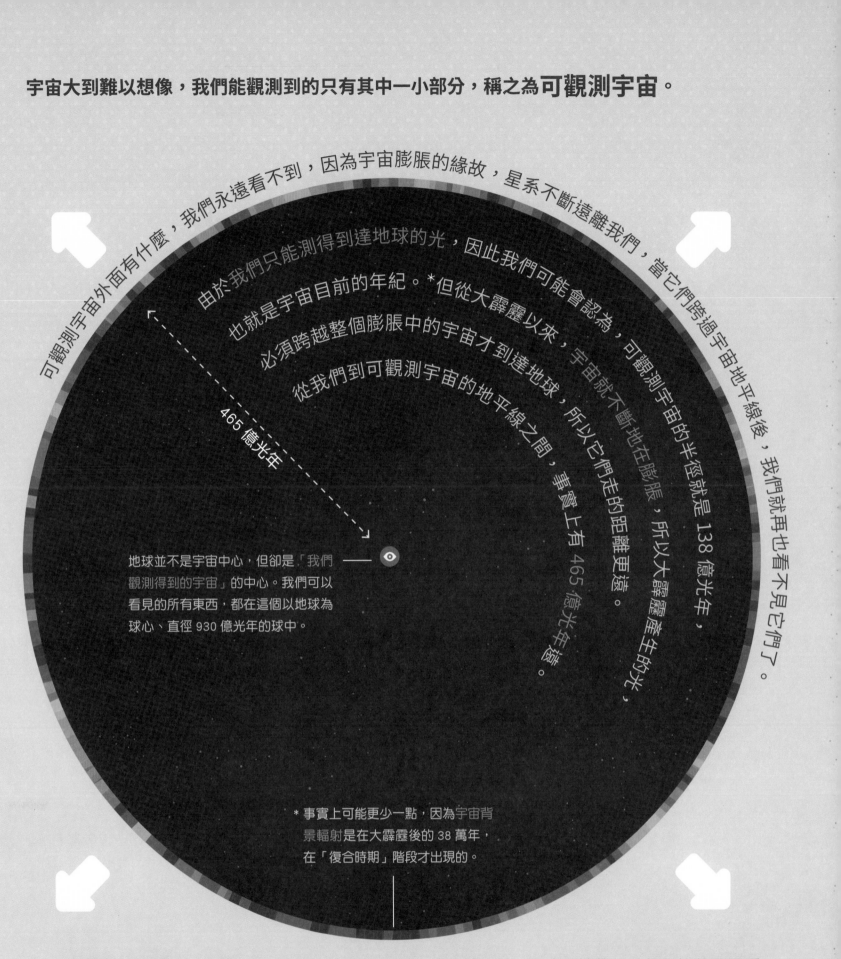

可觀測宇宙外面有什麼，我們永遠看不到，因為宇宙膨脹的緣故，星系不斷遠離我們，當它們跨過宇宙地平線後，我們就再也看不見它們了。

由於我們只能測得到達地球的光，因此我們可能會認為，可觀測宇宙的半徑就是 138 億光年，也就是宇宙目前的年紀。*但從大霹靂以來，宇宙就不斷地在膨脹，所以大霹靂產生的光，必須跨越整個膨脹中的宇宙才到達地球，所以它們走的距離更遠。

從我們到可觀測宇宙的地平線之間，事實上有 465 億光年遠。

465 億光年

地球並不是宇宙中心，但卻是「我們觀測得到的宇宙」的中心。我們可以看見的所有東西，都在這個以地球為球心、直徑 930 億光年的球中。

* 事實上可能更少一點，因為宇宙背景輻射是在大霹靂後的 38 萬年，在「復合時期」階段才出現的。

跨越無垠的疆界——雖然可觀測宇宙的外面有什麼，我們看不見，但合理地猜想，很可能就是星系、恆星、行星、暗物質、黑洞等等，外面可能也遵循相同的物理定律，不過，誰能知道呢？

宇宙的未來？

宇宙將膨脹得越來越快，星系繼續遠離直到看不見，很久很久以後，我們將只能看見鄰近的星星了。

剩下的只有黑暗跟虛空，其他星系的光因為太遠，永遠到不了我們這裡。更嚴重的是，宇宙也會越來越冷，所有的恆星燃燒殆盡，所有的黑洞也都蒸發不見。（ ◉ 參考第 33 頁）

宇宙變得不再適合居住，也沒有辦法維持生命，所有生命都必須移居到另一個宇宙。

但這在很久很久很久以後才會發生，現在我們最好專心照顧地球這個家園。

宇宙年曆

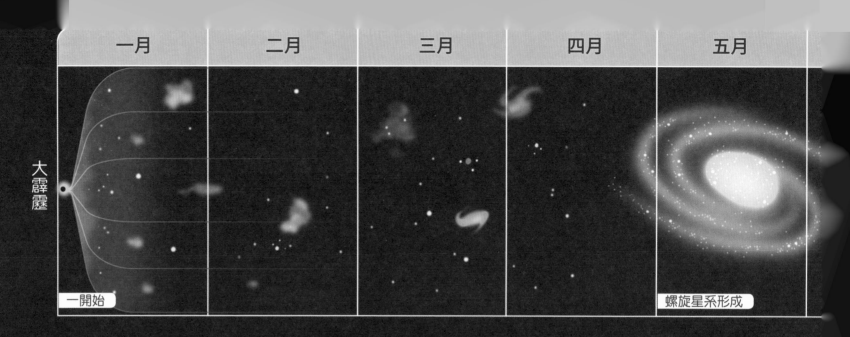

一月	二月	三月	四月	五月

大霹靂
一開始
螺旋星系形成

如果把宇宙的 138 億年濃縮在一年裡，就是**宇宙年曆**的概念。

宇宙誕生於一月 1 日，接下來的每個月代表 11.5 億年，每一天是 3,770 萬年，一小時等於 157 萬年，一分鐘是 26,238 年，而一秒鐘則是 437 年。

著名的天文學家卡爾‧薩根製作了這個宇宙年曆，好讓我們對自己在宇宙的定位更有感覺。整個宇宙年，人類一直到十二月 31 日才登場，而人類的文明也只占了最後短短的一分鐘。

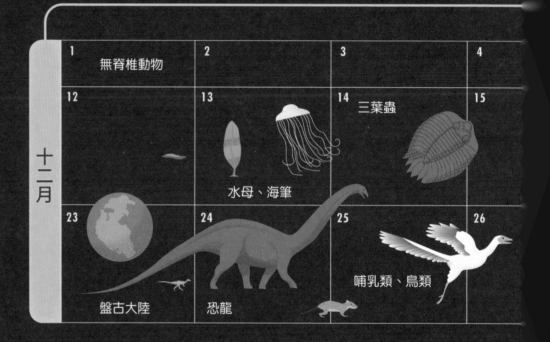

十二月

1 無脊椎動物	2	3	4
12	13 水母、海筆	14 三葉蟲	15
23 盤古大陸	24 恐龍	25	26 哺乳類、鳥類

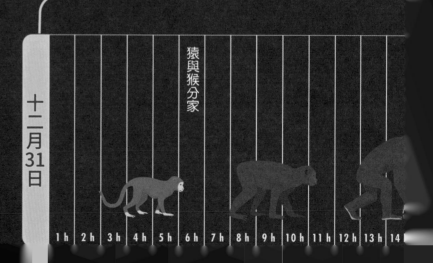

十二月31日

猿與猴分家

1h 2h 3h 4h 5h 6h 7h 8h 9h 10h 11h 12h 13h 14h

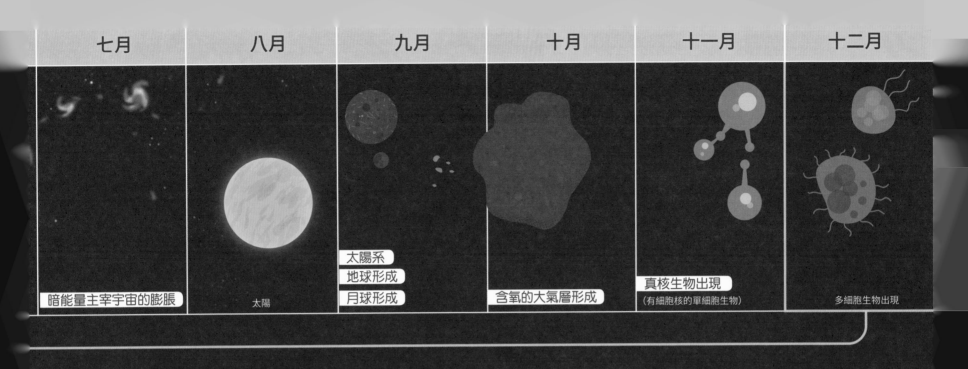

七月	八月	九月	十月	十一月	十二月

暗能量主宰宇宙的膨脹

太陽

太陽系
地球形成
月球形成

含氧的大氣層形成

真核生物出現
（有細胞核的單細胞生物）

多細胞生物出現

6	7	8	9	10	11
17	18	19	20	21 提塔利克魚 （早期魚類）上岸	22

陸生植物

昆蟲

維管束植物

魚和脊椎動物　生物自海洋到陸地　　　　　　維管束植物　　兩棲類　　　　　　　　　　　　　　爬行動物

植物

28	29	30	31

恐龍滅絕

靈長類

人類及其祖先

原始人石器的使用

火、人類的遷徙

最近的一分鐘

原始洞穴藝術

農業

新石器時代

第一個人類聚落

文字

羅馬帝國

20 h　21 h　　　22 h　　　23 h　　　24 h

感謝大衛 ‧ 費爾南 (David Fernández) 和奧古斯提 ‧ 平托 (Agustí Pintó) 為這本書（西文版）校對。從大學時期開始我就向這兩位朋友分享對於觀察星空的愛好。

感謝海倫娜 (Helena) 幫忙修訂文本，感謝我們的兩個孩子塔雷克 (Tarek) 和烏奈 (Unai) 激發出做這本書的靈感。當然，還要感謝因瑪 (Inma)。

愛德華 (Eduard)

非常感謝讓這本書成為可能的人們，特別感謝梅里 (Meli)、佩雷 (Pere)、盧爾德斯 (Lourdes) 以及阿里亞德納 (Ariadna) 長久以來的支持和無限的耐心。

感謝所有不論是過去、現在還是未來的科學家，他們的工作將會使我們走得更遠。